Udayakumar Dasari
Sobharani Yerra

Biologia reprodutiva de Upeneus vittatus

Udayakumar Dasari
Sobharani Yerra

Biologia reprodutiva de Upeneus vittatus

ScienciaScripts

Imprint

Cover image: www.ingimage.com

This book is a translation from the original published under ISBN 978-3-659-85196-4.

Publisher:
Sciencia Scripts
is a trademark of
Dodo Books Indian Ocean Ltd. and OmniScriptum S.R.L publishing group

120 High Road, East Finchley, London, N2 9ED, United Kingdom
Str. Armeneasca 28/1, office 1, Chisinau MD-2012, Republic of Moldova, Europe
Printed at: see last page
ISBN: 978-620-8-35125-0

Índice

Prefácio

Os peixes são o grupo de vertebrados mais diversificado, com cerca de 25 000 espécies reconhecidas, que representam cerca de metade de todas as espécies de vertebrados conhecidas. Os peixes são uma importante fonte de alimento para milhões de pessoas em todo o mundo.

A Baía de Bengala está repleta de diversidade biológica, divergindo entre recifes de coral, estuários, zonas de desova de peixes, viveiros e mangais. A pesca é de grande importância socioeconómica para todos os países ribeirinhos da Baía de Bengala, uma vez que a indústria proporciona emprego direto a mais de 2 milhões de pescadores. As principais espécies de peixes comerciais são o camarão, o atum, o albacora, o peixe-cabra, o olho grande e o gaiado, sendo o camarão o principal produto de exportação. Num ano, a pesca média c atinge 2 milhões de toneladas de peixe só na Baía de Bengala. No entanto, há sinais de que os níveis de captura podem não ser sustentáveis, especialmente no que respeita à pesca do atum. A aquacultura opera intensivamente ao longo da costa, com mais de 200.000 piscicultores atualmente envolvidos, e espera-se que a indústria se expanda. A maior parte dos países que circundam a Baía de Bengala são fracos no que respeita ao desenvolvimento de políticas claras, estratégias adequadas e gestão sustentável dos recursos haliêuticos. A família dos peixes-cabra (Mullidae) é um grupo de peixes demersais comercialmente importante em toda a sua distribuição pelo mundo. Estes estão maioritariamente associados aos recifes dos oceanos Atlântico, Índico e Pacífico. Dentro da família existem cerca de seis géneros e 55 espécies. Este livro trata da biologia reprodutiva dos peixes. São descritos os diferentes estádios de maturação, o tamanho na primeira maturação, a fecundidade e o índice gonadossomático dos peixes.

INTRODUÇÃO

Os peixes são o grupo de vertebrados mais diversificado, com cerca de 25 000 espécies reconhecidas, que representam cerca de metade de todas as espécies de vertebrados conhecidas. Os peixes são uma importante fonte de alimento para milhões de pessoas em todo o mundo.

A Baía de Bengala está repleta de diversidade biológica, divergindo entre recifes de coral, estuários, zonas de desova de peixes, zonas de viveiro e mangais. A pesca é de grande importância socioeconómica para todos os países ribeirinhos da Baía de Bengala, uma vez que a indústria proporciona emprego direto a mais de 2 milhões de pescadores. As principais espécies de peixes comerciais são o camarão, o atum, o albacora, o peixe-cabra, o olho grande e o gaiado, sendo o camarão o principal produto de exportação. Num ano, a captura média é de 2 milhões de toneladas de peixe só na Baía de Bengala. No entanto, há sinais de que os níveis de captura podem não ser sustentáveis, especialmente no que respeita à pesca do atum. A aquacultura opera intensivamente ao longo da costa, com mais de 200.000 piscicultores atualmente envolvidos, e espera-se que a indústria se expanda. A maioria dos países que circundam a Baía de Bengala não está a desenvolver políticas claras, estratégias adequadas e uma gestão sustentável dos recursos haliêuticos

A família dos peixes-cabra (Mullidae) é um grupo de peixes demersais comercialmente importantes em toda a sua distribuição pelo mundo. Estes peixes estão maioritariamente associados aos recifes dos oceanos Atlântico, Índico e Pacífico. Dentro da família existem aproximadamente seis géneros e 55 espécies. Os estudos sobre a biologia reprodutiva dos peixes são úteis para compreender o potencial reprodutivo e a capacidade de regeneração anual das unidades populacionais de peixes. A descrição das estratégias reprodutivas e a avaliação da fecundidade são tópicos fundamentais na biologia e dinâmica populacional das espécies de peixes (Hunter *et al.,* 1992). Os estudos sobre a reprodução, incluindo a avaliação do tamanho na maturidade, a fecundidade, a duração das épocas de reprodução, o comportamento diário de desova e a fração de desova, permitem quantificar a capacidade de reprodução de cada peixe. Estas informações, combinadas com estimativas da produção de ovos no mar, permitem estimar a biomassa da unidade populacional reprodutora (Saville, 1964; Parker, 1980; Lasker, 1985). Deste modo, aumenta-se o conhecimento sobre o estado de uma unidade populacional e melhoram-se as avaliações padrão de muitas espécies de peixes com valor comercial.

O rácio entre os sexos de uma população de peixes durante diferentes meses/épocas é útil para estimar a abundância relativa dos sexos nas unidades populacionais reprodutoras, o grupo de comprimento constituinte e a taxa de crescimento de cada sexo (Kesteven, 1942 e Qasim, 1966). O sexo é geralmente determinado a partir da observação das gónadas. Para avaliar a atividade reprodutora, são frequentemente recolhidas amostras de peixes de vários grupos de tamanho.

A idade e o tamanho da maturidade sexual são essenciais, entre outros factores, para decifrar o tamanho comercial ótimo de um peixe. Assim, o tamanho na primeira maturidade é importante do ponto de vista da gestão da pesca. Normalmente, nem todos os peixes atingem o comprimento de maturidade de uma só vez e com a mesma idade. Existem diferenças consideráveis entre os vários indivíduos. Qasim (1973) verificou que a maturidade está intimamente relacionada com a taxa de crescimento dos peixes e, por conseguinte, devem distinguir-se duas fases de maturidade (pré e pós).

A maturação refere-se às mudanças morfológicas cíclicas que ocorrem nas gónadas masculinas e femininas à medida que crescem completamente para amadurecer e libertar gâmetas. As alterações significativas na cor, visibilidade, forma e tamanho das gónadas reflectem os vários estádios de maturidade em muitos peixes. A determinação dos estádios de maturidade fornece informações sobre a biologia reprodutiva de um peixe. Este conhecimento revela a idade e o tamanho na primeira maturidade das espécies, a época, o local e o período de desova.

A fecundidade é definida como o número de óvulos na gónada de um peixe fêmea antes da desova. A fecundidade é definida como o número de óvulos postos durante a vida média de um peixe. Este número é estimado por diferentes meios e expresso de muitas formas. As diferenças marcantes na fecundidade entre espécies reflectem frequentemente diferentes estratégias reprodutivas (Pitcher e Hart, 1982; Wootan, 1984; Helfman *et al.,* 1997).

Dentro de uma dada espécie, a fecundidade pode variar em resultado de diferentes adaptações aos habitats ambientais (Witthames *et al.,* 1995). Mesmo no interior de uma mesma unidade populacional, sabe-se que a fecundidade varia anualmente e sofre alterações a longo prazo (Horwood *et al.,* 1986;; Kjesbu *et al.,* (1998) e demonstrou ser proporcional ao tamanho (e, portanto, à idade) e ao estado dos peixes. Os peixes maiores produzem mais ovos, tanto em termos absolutos como em termos relativos à massa corporal. Para um determinado tamanho, as fêmeas em melhores condições apresentam uma fecundidade mais elevada (Kjesbu *et al.,* 1991). O tamanho e a condição dos peixes são, portanto, parâmetros-chave para avaliar corretamente a fecundidade ao nível da população. Em populações muito exploradas, os peixes grandes e velhos serão eliminados mais rapidamente, porque estão expostos a uma mortalidade por pesca selectiva em função do tamanho (Trippel, 1999).

Os valores dos índices de condição variam entre indivíduos e podem variar anualmente dentro de cada indivíduo. As alterações dos factores ambientais, como a temperatura, podem afetar o estado, influenciando o comportamento e o metabolismo dos peixes, bem como a disponibilidade de alimentos. O declínio da fecundidade devido a uma condição reduzida pode refletir-se num menor número de oócitos que se desenvolvem numa determinada época de reprodução ou através de atresia. A fecundidade e a atresia podem também ser afectadas pela poluição ambiental (Johnsons *et al.*, 1998).

luz destas questões, a estimativa regular da fecundidade, em conjunto com dados ambientais e outros dados biológicos, não só ajudaria a compreender o mecanismo subjacente que regula a variabilidade anual da fecundidade, como poderia ajudar a explicar a variabilidade do recrutamento.

A desova é o processo de emissão de gâmetas do corpo dos peixes para o meio exterior, onde geralmente ocorre o processo de fertilização. A determinação do potencial de desova durante o tempo de vida, a época de desova durante o ano e a frequência de reprodução durante a época de um peixe são essenciais para avaliar a capacidade reprodutiva da população. A desova está confinada a curtos períodos de tempo (verão) na maior parte dos peixes que habitam águas temperadas com grandes diferenças de temperatura entre o verão e o inverno. Enquanto que nas águas tropicais e subtropicais, com flutuações de temperatura relativamente menores, o período de desova é geralmente prolongado, estendendo-se quase todo o ano, mas, naturalmente, com um ou dois picos de desova abundante. Parâmetros físicos e químicos, como a temperatura e a salinidade do ambiente externo e condições biológicas internas, como a alimentação e o crescimento, para além da migração, que influenciam a desova nos peixes. A biologia da reprodução de vários peixes marinhos, estuarinos e de água doce foi estudada e a literatura está repleta de vários trabalhos.

Além disso, a criação de extensas bases de dados sobre parâmetros reprodutivos, com os correspondentes dados sobre factores abióticos, permite o estudo das relações causais entre o potencial reprodutivo e a variação ambiental. Isto leva a uma melhor compreensão da flutuação observada na produção reprodutiva e aumenta a nossa capacidade de estimar o recrutamento (Kraus *et al.,* 2002).

MATERIAL E MÉTODOS

Depois de medir o comprimento total e o peso de cada espécime, o seu ventre foi aberto. O sexo, a cor e o aspeto geral das gónadas foram anotados e a gónada foi então retirada e conservada em formol a 5%. As observações sobre a maturação das gónadas foram feitas principalmente nos ovários. Os testículos eram estruturas muito finas, delicadas e semelhantes a fios. Não foi possível efetuar um exame mais aprofundado dos testículos devido à sua natureza delicada.

As proporções entre os sexos foram determinadas todos os meses para cada grupo (intervalos de classe). A significância estatística das diferenças na proporção de machos e fêmeas nas amostras mensais para todo o ano foi testada pelo teste do Qui-quadrado, utilizando a fórmula.

$$X^2 = \Sigma \frac{(O - E)^2}{E}$$

Onde

O - número observado de machos e fêmeas em cada mês

E - número esperado de machos e fêmeas em cada mês

O rácio hipotético de 1:1

As gónadas foram retiradas e pesadas até ao miligrama mais próximo para calcular o índice gonadossomático (IGS).

Inicialmente, determinou-se o GSI de cada peixe e, em seguida, calcularam-se as médias mensais, tendo o GSI sido calculado através da fórmula.

$$GSI = \frac{\text{Weight of the Gonad}}{\text{Weight of the Body}} \times 100$$

Para determinar as fases de maturidade, foi adoptada a classificação de seis fases de Nash (1982) e Kuo (1995). As várias fases descritas na classificação são

1. **Imaturo** - Ovários acastanhados opacos ocupando metade da cavidade corporal; óvulos irregulares e transparentes, testículos esbranquiçados, filiformes ocupando metade da cavidade corporal.

2. **Estádio de maturação I** - Ovários acastanhados, ocupando metade a dois terços da cavidade corporal; óvulos redondos, parcialmente carregados de gema, testículos esbranquiçados, ocupando metade da cavidade corporal.

3. **Estádio de maturação II** - Ovários de cor vermelha, ocupando metade a dois terços da cavidade corporal, óvulos redondos, totalmente carregados de gema, testículos esbranquiçados, ocupando metade da cavidade corporal.

4. **Maduro** - Ovários amarelados, ocupando metade a dois terços da cavidade corporal, alguns óvulos visíveis externamente, gema vacuolada, espaço peri-vitelino presente, testículos cremosos ou esbranquiçados, ocupando metade a dois terços da cavidade corporal.

5. **Maduro** - Ovários amarelados ou castanhos, ocupando quase toda a cavidade do corpo; testículos branco-creme, ocupando dois terços da cavidade do corpo

6. **Espetados** - Sacos vermelhos profundos, ocos, flácidos com vasos sanguíneos proeminentes na superfície, ocupando não mais de metade da cavidade do corpo; poucos óvulos, muitas vezes testículos degenerados.

7.

Durante o presente estudo, foram observados apenas quatro estádios dos óvulos, isto é, imaturo, estádio de maturação I, estádio de maturação II e só foi possível distinguir os estádios maduro e gasto, enquanto que os estádios maduro e gasto estavam ausentes. Nos peixes com menos de 10 cm de comprimento, não foi possível diferenciar os estádios de maturação, pelo que todos os espécimes desta classe de comprimento foram considerados juvenis.

As estimativas da fecundidade basearam-se nos ovários em estado maduro. Os ovários, depois de retirado o excesso de formalina, foram pesados ao miligrama mais próximo numa balança eléctrica monopan. Em seguida, foi retirado um pequeno pedaço de ovário, com cerca de 1 mg, e pesado com exatidão. Os óvulos foram separados do tecido aderente com agulhas finas numa célula de trave e contados.

Fecundidade de cada peixe estimada a partir da equação.

$$\text{Total weight of ovary} \times \frac{\text{No. of Opaque ova in the sample}}{\text{Weight of the sample}}$$

No entanto, um acontecimento calamitoso resultou no futuro dos dados relevantes e, por conseguinte, a discussão limita-se aos escassos pormenores que puderam ser recuperados, na esperança de que servissem para gerar, pelo menos, uma imagem geral da biologia da criação.

RESULTADOS E DISCUSSÃO

A biologia reprodutiva dos peixes é útil para compreender o potencial reprodutivo e a capacidade de regeneração anual das unidades populacionais de peixes. Os parâmetros reprodutivos como a proporção entre os sexos, o tamanho na primeira maturidade, os estádios de maturação, a fecundidade, a desova e o recrutamento são de grande valor para a previsão e gestão das pescarias.

O rácio entre os sexos da população durante os diferentes meses/épocas é útil para estimar a abundância relativa dos sexos que desovam, o grupo de comprimento constituinte e a taxa de crescimento de cada sexo (Kesteven, 1942 e Qasim, 1966). O sexo é geralmente determinado a partir da observação das gónadas. Para avaliar a atividade reprodutora, são frequentemente recolhidas amostras de peixes de vários grupos de tamanho.

O tamanho na primeira maturidade é importante do ponto de vista da gestão das pescas. Normalmente, nem todos os peixes atingem o comprimento de maturidade de uma só vez e com a mesma idade. Existem diferenças consideráveis entre os vários indivíduos. Qasim (1973) verificou que a maturidade está intimamente relacionada com a taxa de crescimento dos peixes e, por conseguinte, as duas fases da maturidade (pré e pós) devem ser distinguidas.

Nos peixes com menos de 9 cm de comprimento, não foi possível diferenciar as gónadas, pelo que foram considerados juvenis. Os peixes entre 10 e 13 cm foram considerados imaturos, onde os ovários são estruturas de cor branca que se estendem por menos de metade do comprimento da cavidade do corpo. Os óvulos eram irregulares e transparentes. No estádio II de maturação, as gónadas estendem-se por mais de 1/2 da cavidade corporal, mas nesta fase os ovos são redondos e translúcidos. O tamanho dos peixes varia entre 13 e 15 cm de comprimento. No estádio de maturação II, as gónadas estendem-se até 2/3 da cavidade corporal. Os ovos são redondos e com a gema totalmente carregada. No estádio de maturação III, as gónadas estendem-se até 2/3 da cavidade corporal. O número de meses e a percentagem de estádios de maturação de *Upeneus vittatus* são apresentados na Tabela -5 e nos Gráficos. 1& 2.

Razão sexual:

A distribuição mensal do rácio entre os sexos foi menor (fêmea: macho: 1,00: 0,7) durante o mês de dezembro, seguido de novembro (fêmea: macho: 1,00: 0,8). O rácio foi mais elevado (fêmea: macho:: 1,00: 1,26) em julho, seguido de abril (fêmea: macho:: 1,00: 1,25). Os rácios nos outros meses foram intermédios em relação aos referidos intervalos. (Tabela - 4)

Tamanho na primeira maturação.

Todas as fêmeas e machos foram agrupados em diferentes classes de comprimento com intervalos de I cm cada. A frequência percentual da sua ocorrência em cada classe foi determinada e foram traçados gráficos separados para os dois sexos. (Tabela -1, Gráfico -1&.2). A partir das curvas assim obtidas, o tamanho na primeira maturidade, tanto das fêmeas como dos machos, foi encontrado nos seus 50% de ocorrência. Em cada um dos sexos, o tamanho na primeira maturidade é de 13,5 cm. (Tabela -5)

Índice somático de Gonado:

O índice somático Gonado de *Upeneus vittatus* foi muito variável ao longo do ano (Tabela - 2 & 3, Gráfico-3 & 5). Os valores mais altos de GSI foram encontrados durante os meses de maio e junho. Em *Upeneus vittatus* o desenvolvimento das gónadas mostra uma taxa de crescimento muito rápida durante a reprodução.

Fecundidade:

A fecundidade foi estimada a partir do número total de óvulos maduros destinados a ser libertados (0,60 mm e mais) durante uma época de desova e baseou-se nos ovários (maduros II e maduros) de peixes com tamanhos compreendidos entre 14 e 16,0 cm. A fecundidade mais baixa e mais alta de 26590 e 26840 foi registada nos peixes de comprimento total 16,2 e 15,8 cm respetivamente. (Tabela -6, Gráfico 4).

A época de desova dos peixes-cabra no Golfo do Suez tem lugar na primavera, entre abril e junho, com um pico claro em maio. Este resultado está de acordo com o relatado por Boraey & Soliman (1989) e El-Drawany (1995) no Mar Vermelho. No mar Mediterrâneo, Osman (1994) obteve os mesmos resultados para as *espécies Upeneus* nas águas costeiras de Alexandria, mas com um período de desova curto, devido à diferença de temperatura da água entre o mar Vermelho e o mar Mediterrâneo.

Thomas (1969) verificou que *U. tragula* do Golfo de Manner atinge a sua primeira maturidade com 12,0 cm. Enquanto El-Drawany (1995.) relatou que o comprimento na maturidade de *U. vittatus* no Mar Vermelho era de 11,7 cm para os machos e 12,1 cm para as fêmeas.

Lee (1974) afirmou que, em Hong Kong, a maturação sexual de *U. moluccensis* foi atingida com cerca de 14 cm de comprimento total e que os espécimes desovam entre março e setembro. Golani (1990) afirmou que a espécie desova entre junho e setembro no Mar Mediterrâneo oriental. Os machos e as fêmeas de *U. moluccensis* atingem a maturidade com cerca de 11 cm de comprimento total (2 anos de idade).

Torcu (1995) e Kaya *et al.* (1999) referiram que a desova do peixe-cabra dourado no nordeste do Mediterrâneo se estende de agosto a setembro e que os valores de GSI atingem o seu nível máximo em agosto. Torcu (1995) mostrou que a fecundidade do *U. moluccensis* varia entre 19,714 e 64,452, e a quantidade de ovos aumenta com a idade. Cicek *et al.* (2002) referiram que a desova do peixe-cabra no nordeste do Mediterrâneo se estende de março a agosto e que os valores de GSI atingem o nível máximo em abril. Estes valores são muito semelhantes aos das presentes observações.

Quadro n.º 1

Tamanho na primeira maturidade em fêmeas e machos de *Upeneus vittatus*

S.n.	Intervalo de tamanho (cm)	% Frequência de homens	% Frequência de mulheres
1.	10.1-11.00	24	-
2.	11.1-12.00	31	9
3.	12.1-13.00	36	15
4.	13.1-14.00	39	45
5.	14.1-15.00	52	58
6.	15.1-16.00	78	83

Quadro nº : 2

Índices somáticos gonados (IGS) de fêmeas *de Upeneus vittatus*

S.n.	Mês	GSI
1.	março '07	4.3
2.	abril de 2007	5.1
3.	maio de 2007	6.5
4.	junho de 2007	5.5
5.	julho de 2007	4.1
6.	agosto de 2007	3.1
7.	setembro de 2007	1.12
8.	outubro de 2007	1.42

9.	novembro de 2007	1.89
10.	dezembro '07	2.68
11.	janeiro de 2008	2.71
12.	fevereiro'08	2.01

Quadro nº: 3

Aplicação estatística para o quadro 1.

S.n.	Descrições	GSI
1.	Mínimo	1.12
2.	Máximo	6.5
3.	Média	3.36
4.	Mediana	2.90
5.	S.D	1.72

Quadro nº: 4

Rácio mensal entre os sexos de *Upeneus vittatus*

S.n.	Mês	Feminino	Masculino	F: M
1.	março '07	58	52	1:1.11
2.	abril de 2007	78	62	1:1.25
3.	maio de 2007	43	38	1:1.13
4.	junho de 2007	60	50	1:1.2
5.	julho de 2007	53	42	1:1.26
6.	agosto de 2007	79	66	1:1.19
7.	setembro de 2007	84	56	1:1.5

8.	outubro de 2007	77	55	1:1.4
9.	novembro de 2007	49	61	1:0.80
10.	dezembro '07	70	90	1:0.7
11.	janeiro de 2008	59	51	1:1.15
12.	fevereiro'08	74	53	1:1.3

Quadro nº: 5

Frequência percentual dos estádios de maturação nas fêmeas de *Upeneus vittatus*

S.n.	Mês	Imaturo	Estágio de maturação I	Fase de maturação II	Maduro
1.	março '07	*25.34*	*36.13*	*38.46*	
2.	abril de 2007	*5.26*	*42.11*	42.78	10.74
3.	maio de 2007		*43.48*	34.78	21.74
4.	junho de 2007	*17.24*	*34.48*	*31.04*	*17.24*
5.	julho de 2007	*23.53*	*70.59*	*5.88*	
6.	agosto de 2007	*28.57*	*23.81*	*41.27*	*6.34*

7.	setembro de 2007	*75*	*12.5*	*12.5*	
8.	outubro de 2007	*61.54*	*23.08*	*15.38*	
9.	novembro de 2007	*47.62*	*23.81*	*28.81*	
10.	dezembro '07	*43.53*	*50.60*	*5.89*	
11.	janeiro de 2008	*57.14*	*28.57*	*14.29*	
12.	fevereiro'08	*40*	*52*	*8*	

Quadro nº: 6

Dados relativos à fecundidade das fêmeas em fêmeas de *Upeneus vittatus*

S.n.	Comprimento do peixe (cm)	Peso do peixe (gm)	Comprimento das gónadas (cm)	Peso das gónadas (gm)	Fecundidade
1.	11.5	17.5	4.0	.350	19980
2.	11.8	18.3	4.2	.350	20670
3.	12.2	24.2	4.4	.400	21550
4.	12.5	24.8	4.4	.450	22430
5.	12.8	26.5	4.5	.450	23660
6.	13.2	29.2	4.6	.450	24380

7	13.6	29.8	4.8	.450	24620
8	13.8	33.2	4.8	.500	24830
9	14.3	46.5	5.3	.550	25190
10	14.7	46.8	5.3	.600	25230
11	15.3	47.7	5.6	.600	25810
12	15.8	47.8	5.8	.650	26590
13	16.2	49.5	5.9	.650	26840

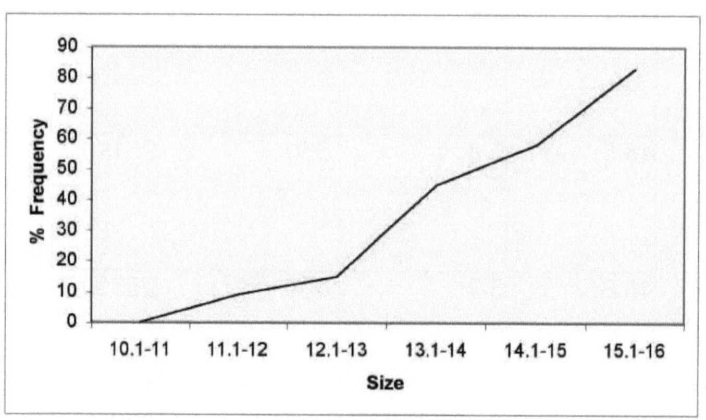

Fig. 1: Tamanho na primeira maturidade das fêmeas de *U.vittatus*

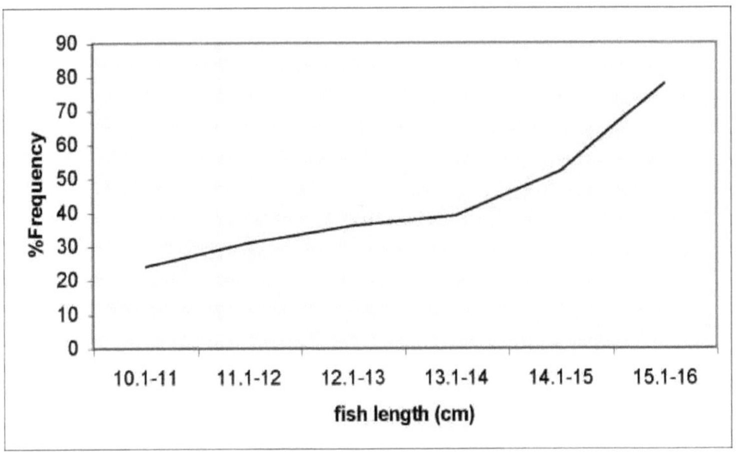

Fig. 2: Tamanho na primeira maturidade em machos de *U.vittatus*

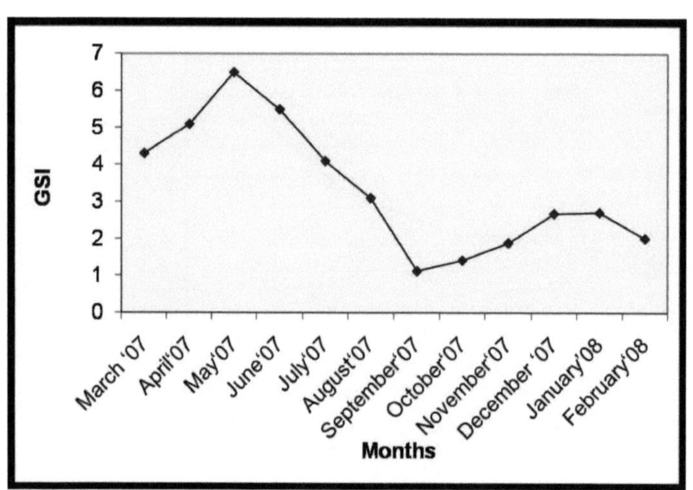

Fig. 3 : Variações mensais dos índices gonadossomáticos (GSI) em fêmeas de *Upeneus vittatus*

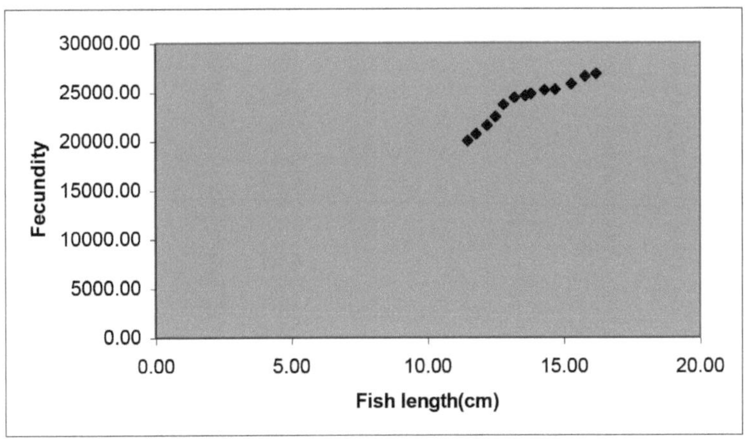

Fig. 4 : Relação entre o comprimento dos peixes e a fecundidade em *Upeneus Vittatus*

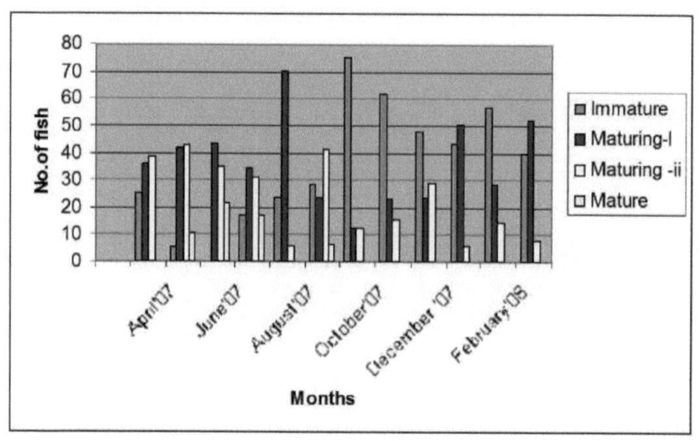

Fig. 5: Estádios de maturação mensais nas fêmeas de *U.vittatus*

CONCLUSÃO

A biologia reprodutiva inclui os estádios de maturidade, a proporção entre os sexos, o tamanho na primeira maturidade e a fecundidade. A proporção entre os sexos foi mais elevada (fêmea: macho:: 1,00: 1,26) em julho, seguida de abril (fêmea: macho:: 1,00: 1,25). O índice somático Gonado de *Upeneus vittatus* foi muito variável ao longo do ano. Os valores mais altos de GSI foram encontrados durante os meses de maio e junho. Em *Upeneus vittatus* o desenvolvimento das gónadas mostra uma taxa de crescimento muito rápida durante a reprodução. A fecundidade mais baixa e mais alta de 26590 e 26840 foram nos peixes de comprimento total 16.2 e 15.8 cm respetivamente.

REFERÊNCIAS

Al-Absy, A. (1977) Taxonomia, biometria, relação comprimento-peso e estudos de crescimento de Mullidae (Pisces, Perciformes) da Jordânia, Golfo de Aqaba. Tese de Mestrado, Universidade da Jordânia, Amã. 151pp.

Al-Absy AH e Ajiad A (1988). A morfologia, biometria, relação peso-comprimento e crescimento do peixe-cabra, *Parupeneus scinnabarinus* (Cuvier & Valenciennes) no Golfo de Aqaba, Mar Vermelho.

Beverton, RJ.H e Holt, SJ. (1957) On the dynamics of exploited fish Populations. *Fish. Invest. Minist. Agric. Fish. Food (G.B) sell.19, 533p.*

Boraey, F.A. e F.M. Soliman, (1984). Relação comprimento-peso, condição relativa e hábitos alimentares do peixe-cabra *upeneus sulphureus* na Baía de Safaga no Mar Vermelho. *J. Mar. Biol.Assoc, India, 26: 83-88.*

Boraey, F.A. e F.M. Soliman, (1987). Relação comprimento-peso, condição relativa e hábitos alimentares do peixe-cabra *Upeneus sulphureus* Cuv. Val. na Baía de Safaga no Mar Vermelho.*J. Inland Fish. Soc, India, 19: 47-52.*

Boraey, F.A. and Soliman, F.M. (1984) Length weight relationship, relative condition, and food and feeding habits of the goatfish *Upeneus sulphureus,* in Safaga Bay of the Red Sea. *J.Mar. Biol. Ass.India. 26 (1-2), 83-88.*

Bolger, T., e P.L Connolly. (1989). A seleção de índices adequados para a medição e análise do estado dos peixes. *J.Fish.Biol, 34; 171-182.*

Dan.S,S., and P.Mojumdar (1979).Estudos sobre a alimentação e hábitos alimentares do peixe gato ,*Tachysurus tenuispinis*(day).*Indian .J.Fish .26;115-124.*

Das, .M e B.Mishra (1989). Length weight relationship of certain fishes, *Mahasagar, 22(3); 139-141.*

David, A. (1968). Biologia pesqueira do peixe-gato schilbeid, *Pangassius pangassius* (Hamilton) e sua utilidade e propagação em campos de cultura, lago. Indian *J.Ffish.10 (2); 521-600.*

Fawzy, A. Boraey and Soliman, F.M.(1984) Length-weight relationship, relative condition and food and feeding habits of the goatfish *Upeneus sulphureus* in Safaga Bay of the Red. Mar Vermelho. *J.Mar. Biol Ass. India, 26(1 &2), 83-88.*

Garcia, C.B.J.O.Durate, N. Sandoval, D. Von Schiller, G. Mello e

P.Navajas(1998).Relação comprimento-peso de peixes demersais do Golfo de Salamanca Colômbia.Naga ,*ICLRM.Q 21(3);30-32.*

Hart, T.J. (1946) Report on the trawling surveys on the Patagonian continental shelf. *Discovery Report. 23, 223-408.*

Hile, R. (1936) Age and growth of the Cisco, Leucichthys artedi (Lesueur) in the lakes of north-western high lands, Wisconsin. *Bull. U.S.Bur. Fish. 48, 211-317.*

Jayaprakash, A.A (2001). Relação comprimento-peso e condição relativa em *Cynoglossus macrostomus*. Norman e C.arel (schneider). *J.Mar.Biol.Ass.India 43(1 e 2); 148-154.*

Kesteven, G.L.(1942) Studies on the biology of Australian mullet. Conselho de Investigação Científica e Industrial. *Australian Bulletin,157:1-147.*

Kesteven. G.L (1942), Studies on the biology of Australian Mullet. Conselho de Investigação Científica e Industrial. *Boletim australiano 157; 1-147.*

Kesteven, .G.L (1947). On the Ponderal Index, or Condition Fator, as employed in fisheries biology. *Ecology 28, 78-80.*

King, R.P (1996). Relações comprimento-peso dos peixes de água costeira da Nigéria Naga, *ICLARM Q.19 (3); 49-52*

Kulbicki M.,G. Moutham ,P.Thollot e L. Wantiez (1993). Relações entre o comprimento e o peso dos peixes da lagoa da Nova Caledónia, Naga, *ICLARM Q.16(2-3); 26-30.*

Lagler K.F. (1952), Fresh waters fishery biology, W..C. Brown Co., Publisher, (Dubyque) Iowa.

Le Cren, E.D (1951) The length-weight relationship and seasonal cycle in gonad weight and condition in the perch (*Perca fluvialitis*). J.Anim.Ecol., 20(1); 201-209.

Love, R.M. (1957), The biochemical composition of fish "in the physiology of fish" *(Ed Brown ,M.E.) Academic Press. London and N.Y.I;401-418.*

Martin, W.R. (1949). A mecânica do controlo ambiental da forma do corpo em peixes.Univ., Toronto Stud. *Biol., 58, Publ. Ont. Fish.Res. Lab. 70 1-91.*

Mohnara J (2008). Relação comprimento-peso de *Upeneus sundaicus* e *Upeneus tragula* do Golfo de Mannar. www.indjst.org Vol.1 No 4

Mohanraj, J. (1999) Fishery, biology, exploitation and population dynamics of Commercially important goatfishes in Tuticorin coast, Gulf of Mannar. Tese de doutoramento, Universidade de Madurai Kamaraj, Tamil Nadu, Índia. Pp.308.

Nikolsi,G.v (1963) The ecology of fishes. Imprensa académica, Londres, 1-352.

Reuben, S. Vijayakumaran, K. e Chittibabu K (1994) Crescimento, maturidade e mortalidade de Upeneus sulphureus da costa de Andhra-Orissa. *41 (2), 87-91.*

Ricker W.E (1958). Manual de cálculos para estatísticas biológicas de populações de peixes.*Bull.Fish. Res. Biol.Canada.,119:1-300.*

Rounsfell G.A e W.H Everhaurt (1953) Fishery science: Its methods and applications.

John Wiley and Sons Inc., Nova Iorque,1-444.

Seshappa ,G.e B.K,Chakrapani (1981).Relação comprimento-peso de Cynoglossus lida (Bleeeker).Indian J.fish.,28(1&2);249-253.

Sekharan ,K. V.(1968).Relação comprimento-peso em Sardinella albella (Val.) e S. gibbosa (Bleeker).*Indian J. fish .,15:166-174.*

Tesch,F.W. (1971). Idade e crescimento: W.E.Ricker (ed.) Methods for assessment of fish production in fresh waters. IBP handbook No.3, Blackwell, Londres, 93-123.

Thomas, P.A .(1969) Os peixes-cabra (Família Mullidae) da Índia

Mares. Marine Biological Association of India, Memoir III, 174p.

Thompson, D.A.W. (1943*). Sobre o crescimento e a forma. 2ª Ed. University Press. Cambridge.*

Torres,F.J.R. (1991). Dados tabulares sobre peixes marinhos da África do Sul, Parte 1: Relação comprimento-peso, Fish Byte 9(1); 50-53.

Tyler, A.V e V.F. Gallucci, (1980). Dynamics of fished stocks, In: R.Lackey e L.A.Neilson (eds.) Fisheries management. Blackwell Scientific Publications, Oxford, 111-147.

Printed by Books on Demand GmbH, Norderstedt / Germany